AF358424

CONGRÈS INTERNATIONAL DE BOTANIQUE A L'EXPOSITION UNIVERSELLE DE 1900
PARIS (1-10 OCTOBRE)
(*Extrait du Compte-rendu, pp. 112-117*).

ÉMILE GALLÉ

ORCHIDÉES LORRAINES

FORMES NOUVELLES & POLYMORPHISME

DE

l'ACERAS HIRCINA Lindl,

Loroglossum hircinum Reich.,

LONS-LE-SAUNIER — IMPRIMERIE ET LITHOGRAPHIE LUCIEN DECLUME
— 1900 —

Formes nouvelles et polymorphisme de l'Aceras hircina Lindl.,
Loroglossum hircinum *Reich.,*

Par **M. Émile GALLÉ**.

En mai-juin 1898, M. Paul COULERU m'informait qu'une station de *Loroglossum hircinum* existait aux environs de Nancy dans des conditions particulières. Cet orchidophile m'apportait un bouquet témoignant d'un polymorphisme inaccoutumé chez cette espèce ; je me fis conduire sur place.

Les coteaux herbeux du calcaire jurassique dominant les communes de Griscourt et de Gezoncourt (Meurthe-et-Moselle), étaient occupés précédemment par d'anciens vignobles, laissés incultes à la suite des ravages annuels de la gelée. Les Orchidées y ont pullulé en 1898 et 1899. L'*Ophrys apifera*, plutôt rare en Lorraine, y abondait avec l'*Ophrys arachnites*, et, fait nouveau pour la flore lorraine, j'y ai rencontré en 1898, et M. P. NICOLAS, en 1899, l'*Ophrys scolopax* Cav.

L'*Aceras hircina* se trouvait en mélange avec ces ophrydées. L'« Orchis bouc », dont les individus végètent chez nous habituellement solitaires, avait surgi en telle abondance que ses inflorescences donnaient au site un caractère pittoresque et inusité. J'ai pu recueillir les variétés qui avaient attiré l'attention de mon guide, et d'autres encore.

Les genres représentés dans une ère géographique par plusieurs espèces sont parfois fertiles en variétés : ceux à une seule espèce régionale conservent mieux les caractères spécifiques : tel notre inébranlable *Elleborus fœtidus*. Tel aussi, jusqu'à présent, le *Loroglossum hircinum*. Il avait montré, à des yeux peut-être inattentifs, une certaine rigidité de caractères. Toutefois, REICHENBACH FILS [1] a distingué deux variétés, *hircina*, épi dense, casque obtus, court, éperon bref, — et *caprina*, épi maigre, casque allongé, éperon plus long, dont LINDLEY a

---

(1) Reichenbach fil. Orchid. in Flora Germ. recens, p. 5, et pl. CCCLIX, fig. 8, 17.

fait une espèce. *Aceras caprina* Lindl [1] (ma pl. III, fig. 53. d'après Reich.). REICHENBACH a signalé et figuré [2] une fleur à labelle longuement bifide (ma pl. III, fig. 54. d'après Reich., à comparer avec ma fig. 18); il signale aussi une variété chlorotique. albinisme de la forme habituelle, et enfin il a figuré une monstruosité [3]. Récemment. dans ses *Orchidaceen Deutschlands* et ses *Notices sur les variations des Orchidées indigènes*, M. MAX SCHULZE, d'Iéna. avait signalé deux formes en Allemagne. une dans le Nord et une dans le Sud. et une anomalie (mes fig. 7 et 52 d'après cet auteur). Mais le polymorphisme offert dans une même localité et dans un genre représenté à l'Est de la France par une seule espèce n'en reste pas moins surprenant. Et. si les écarts au sujet desquels M. Henry de VILMORIN m'écrivait : « Ce sont des divagations naturelles d'une amplitude peu commune, » se produisent en un genre à unique espèce chez nous. comment s'étonner qu'il y ait des variations si nombreuses dans l'*Orchis militaris*. dans les *Rubus*, les *Rosa*, etc.

À Griscourt-Gezoncourt. elles affectent surtout le labelle, les divisions périgonales extérieures et les bractées. Tantôt les diverses formes de labelles ont gardé le caractère classique d'où les noms génériques d'*Himantoglossum*. de *Loroglossum*. labelles en lanières. à 3 segments très allongés, étroits. enroulés avant l'anthèse. — Tantôt, au contraire. le labelle est *entier. court. large. plane et non enroulé.*

Et ainsi s'établit le tableau que j'ai présenté au Congrès. des passages du caractère habituel en lanière, à celui contradictoire et nouveau de la forme qu'on pourrait appeler *platyglosse.*

1° **Formes loroglossées trifides.** — Elles se rattachent à la forme vulgaire. *genuina* Reich. fils, marquée par le prolongement des crêtes des bords du labelle en deux lanières latérales. le tout formant un labelle à trois segments. Ce caractère est, à Griscourt, très vacillant : labelles plus ou moins étroits. ou élargis. allongés, genouillés, planes ou tordus. segments entiers ou bidentés, soit obscurément, soit longuement divergents, segments latéraux égalant presque parfois celui médian.

Voici quelques exemples de ces oscillations :

Forme élégante. à divisions périgonales toutes libres et étalées. celle médiane renversée. les internes linéaires. penchées en avant : les deux

<hr>

[1] Lindley. Orch. 282.
[2] Reich. fils, ibid., pl. DXIII. fig. 10
[3] Id., pl. CCCLIX, fig. 17,

prolongements latéraux du labelle, à peine d'un quart plus courts que la lanière médiane, c'est-à-dire singulièrement allongés, presque filiformes. aigus, divergents, déjetés en arrière, comme les longues pattes postérieures des diptères vulgairement appelés « cousins » (var. *tipuloides*, pl. I. fig. 3. 4, 5. 6 et pl. V. fig. 49 ; comparez. pl. I. fig. 7 avec var. *thuringiaca*, Schulze).

Une autre forme (pl. I. fig. 8. 9. 11. 12) présente un labelle d'abord étranglé, puis brusquement coudé-siphoïde, élargi en lanière pliée, restant. durant l'anthèse, courbée en cerceau, redressée à angle droit ou géniculée ou bizarrement contournée monstrueuse parfois pluridentée (pl. I. fig. 8) et d'une largeur anormale. Il est remarquable qu'alors les divisions latérales. faute de matière peut-être, sont comme atrophiées et très courtes linéaires. et parfois même (pl. I. fig. 9 et 10). atrophiées complètement dans certaines fleurs de l'épi. montrant ainsi. dans le même épi, les états intermédiaires entre la série des variétés à labelle trifide et celles à labelle entier. Du reste. à propos des formes de la série à labelle entier. M. René ZEILLER m'avait fait remarquer que le même poids de matière semblait avoir été autrement employé : « La nature, m'écrivait-il. a dû. j'imagine. faire. dans cette monstruosité, économie de substance ; ce que les labelles ont gagné d'un côté en largeur, ils l'ont perdu de l'autre, par la disparition totale de leurs trois lanières. » C'est. en effet, à cet état que retourne la forme aux lanières appauvries.

Une troisième forme offrait des lanières recourbées en dessous (fig. 13). flottantes. bidentées en oriflamme (fig. 18. 26). et dans d'autres variétés elles sont épaissies. recroquevillées en tous sens (fig. 15). ou chiffonnées fig. 8), tridentées (fig. 14). laciniées fig. 19 bis. 33), coupées carrément fig. 34 ; voir port de la plante, pl. IV. fig. 46). forcipulées (fig. 20. 21), ancrées à deux crochets (fig. 35, 36, 37. dont la divergence atteint parfois 30^mm (fig. 37). c'est-à-dire dépasse de beaucoup les divisions supérieures du labelle.

Lanières calamistrées. — Dans la forme habituelle. la lanière médiane est tordue sur elle-même. ordinairement à un seul tour et les diverses figures que les auteurs ont données. BARLA par exemple, représentent de la sorte le *Loroglossum hircinum*. Sans attacher à ce détail plus d'importance qu'il ne convient. je signale ici une élégante variété de Griscourt. laquelle ne le cède pas comme étrangeté à mainte espèce exotique (pl. II. fig. 19, 20. 21). La lanière médiane est *étroitement tordue à 6 tours*. en copeau, tire-bouchon ou papillotte. Elle est dentée à son extrémité, et ces deux dents sont elle-mêmes contournées en dedans, en forme de tenailles, ou de l'appareil postérieur de la forficule (var. *calamistrata, forcipulata*.

Notons qu'il existe aussi une variété *calamistrée à trois* pl. II, fig. 22) et une autre à *cinq torsions*.

Lanières planes, proboscidées, etc. — Lanière plane, non tordue, partiellement enroulée en ressort durant la préfloraison. Enroulement arrêté à l'extrémité du labelle et exserte du périgone ; lanière médiane entière, à la fin *recourbée prenante* en trompe d'éléphant, caractère singulier observé dans quelques-unes des formes précédentes ; bractée étroite brusquement réfléchie à son extrémité, caractère qui affecte également les deux divisions latérales du labelle (pl. II, fig. 23, 24, 25, 30) ; labelle à dessins nets en caractères d'écriture, variés sur les fleurs d'un même épi. Les taches graphiques se trouvent aussi sur quelques variétés à lanières contournées ou en oriflammes (fig. 26, 27). Tantôt les caractères sont à peu près identiques sur toutes les fleurs d'un même épi, et rappellent la lettre μ par exemple (fig. 28), ou autre, comme le π grec (fig. 29), λ ou des apparences de chiffres arabes (fig. 29 *bis*).

Notons aussi le polymorphisme des divisions périgonales externes : en casque, plus ou moins soudées (fig. 16, 17), ou conniventes, (fig. 1, 2, 8, 10) ; au contraire libres, étalées et rejetées en arrière (fig. 4, 5, 6, 36, 37), ou à division externe médiane baissée en avant, les 2 latérales internes croisées l'une sur l'autre (Pl. III, fig. 35) ; ou à divisions internes conniventes plus longues que la médiane externe surbaissée en bonnet d'âne, et soudées avec celle-ci par la base (Pl. III, fig. 32). A signaler aussi la dentelure anormale des divisions internes (fig. 14). Enfin, ces organes sont diversement nuancés, bariolés, sablés, ou striés de lignes colorées (fig. 17), sur la face interne, ou lignés de pourpre sur les bords.

Quant aux bractées, elles varient de longueur, parfois le double de la fleur (fig. 31), le plus souvent le double de l'ovaire, et parfois le dépassant à peine (fig. 17), membraneuse et fortement nervée (fig. 33), la plupart du temps acuminée, recourbée en sabre, exceptionnellement la pointe brusquement réfléchie (fig. 23).

J'ai observé aussi, à Griscourt-Gezoncourt, des dispositions diverses dans les épis floraux. Dans une de ces formes (pl. IV, fig. 46), l'épi est comprimé, distique, les fleurs et leurs lanières sont étalées toutes sur un même plan, comme les barbes de certaines variétés d'orge.

2° Forme platyglossée, à labelle entier (pl. III, fig. 38 à 45 ;
pl. IV, fig. 47 ; pl. V, fig. 48 grossie ; planche VI, fig. 50, 51.). — Des
exsiccata, des cires colorées, des photographies et des aquarelles ont été
présentés au Congrès et plusieurs de nos collègues ont pu examiner cette
variété sur le vif. *Labelle peu allongé* (7 à 17ᵐᵐ de long), *entier, épais,
élargi, non enroulé durant la préfloraison*, parfois un peu étranglé au
tiers inférieur, *terminé par une dent crételée dressée à l'anthèse*, re-
ployée à la préfloraison comme les dents du lobe médian des ophrys ;
ondulé, à bords légèrement relevés en dessus, fortement plissés créne-
lés ; charnu, blanc velouté, puis sillonné dentelé, scintillant à reflet ro-
se. *Divisions périgonales supérieures presque monstrueusement agran-
dies, conniventes en casque*, à coloration intérieure rosée, extérieure
verte. *Eperon étroit et allongé ; gynostème à étamines rapprochées*, à
caroncule intermédiaire saillante ; un seul rétinacle. Bractées plus courtes ou égales, ou dépassant à peine la fleur.

Cette forme est-elle nouvelle ? C'est l'avis de MM. Camus, Malinvaud,
Guignard, Gillot, Fliche, et autres. Pour ma part, depuis trente-cinq an-
nées de récoltes annuelles d'orchidées en Lorraine, je ne l'ai jamais ren-
contrée jusqu'alors. Aucun de nos confrères ne la connaissait. Elle n'a
été ni signalée ni figurée. M. Max Schulze a décrit et figuré les formes
anomala [1], (notre pl. III, fig. 52, d'après lui), *Thuringiaca*, (notre
pl. I, fig. 7, d'après le même auteur), *Hohenzollerana* [2] ; il déclare
n'avoir jamais vu la nôtre et n'en avoir trouvé nulle part la description :
« C'est, dit-il, une forme nouvelle, intéressante et superbe. »

Comment expliquer cette transformation ? Les organes sexuels
sont bien conformés ; l'hypothèse d'un hybride a été écartée, notamment
avec un Ophrys, en raison des caractères des organes mâles, et M.
Camus a pensé qu'il ne pouvait en être question, en raison de la torsion
de l'ovaire ; mais, suivant lui, il y aurait analogie avec l'*Aceras longibracteata* ; les deux espèces *A. hircina* et *longibracteata* seraient issues
d'un même stirpe ; la lanière médiane se serait élargie dans l'un et
allongée dans l'autre excessivement. Il y aurait *retour à une forme
ancestrale*, commune aux deux types.

Cette hypothèse spécieuse ne me semble guère applicable à l'*A. longibracteata* ; son labelle largement trilobé, non en en lanières (sans par-
ler de caractères accessoires habituels aux *Orchis*, la coloration purpu-
rine par exemple et la suavité du parfum), a fait ranger non sans raison

<hr>

(1) Max Schulze, *Die Orchidaceen Deutschlands*, pl. 38, fig. 6.
(2) Max Schulze, Nachtrage zur *Die Orchid. Deutsch.*, p. 81.

8   ÉMILE GALLÉ.

par la plupart des auteurs cette espèce dans le genre *Orchis*. Au contraire, l'hypothèse d'un retour à une forme commune ancestrale devient plausible quand l'on fait un tableau comparatif de toutes ces formes allant du *Loroglossum hircinum* classique jusqu'aux *Aceras* platyglosses de Griscourt, en passant, non par l'*A. longibracteata* qui nous ramène aux *Orchis*, mais par les espèces ou formes *A. caprina* Lindl. (pl. III, fig. 53), *A. formosa* Lindl., espèce caucasique (pl. III, fig. 55, 56, d'après Reichenb. fil.), puis notre forme à lobes latéraux appauvris (pl. I, fig. 10) et l'*anomala* d'Iéna (pl. III, fig. 52).

En résumé, que les curieux *Aceras* platyglosses de Griscourt marquent le départ des formes loroglossées, ou leur extrême déformation, notre forme platyglossée est bien organisée pour vivre et se propager; si elle devenait commune, — et il ne faut s'étonner de rien avec les fantaisies sporadiques du genre, — les noms génériques d'*Himantoglossum* et de *Loroglossum* seraient en moins bonne posture: ils ne caractériseraient plus que la forme connue des auteurs dans une période relativement courte, et d'après des observations peut-être insuffisantes; et les noms d'*Aceras hircina* α *platyglossa*, β *himantoglossa*, sembleraient en ce cas mieux appliqués. Nous n'en sommes point encore là. Et comme d'autre part les caractères distinctifs de cette forme n'affectent que la fleur, ils ne me semblent pas suffisants sans doute pour créer une espèce qui serait un *Aceras platyglossa*, ou un *Loroglossum platyglossum* : je propose de la dénommer **Aceras hircina**, var. platyglossa.

ÉMILE GALLÉ.

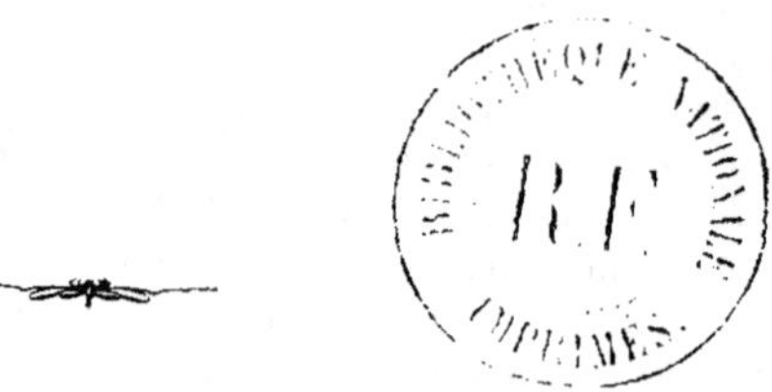

Polymorphisme de l'*Aceras hircina*. Lindl.

Polymorphisme de l'*Aceras hircina*, Lindl.

Pl. XII. ... ... Aceras hircina. Lindl.

www.ingramcontent.com/pod-product-compliance
Lightning Source LLC
LaVergne TN
LVHW050540190726
843502LV00008BB/3002